图说正确使用
电力安全工器具

王存华 顾子琛 编著

中国电力出版社
CHINA ELECTRIC POWER PRESS

内 容 提 要

由于电力行业的特殊性，电力施工一线人才的培育一直是电网企业高度重视的问题之一，而电网企业的安全工作则是重中之重。强化安全基础管理，持续对员工进行安全教育培训，以提高员工安全意识和安全技能，是一项长期的工作。

本书对电力行业常用的安全工器具的使用以图解的形式，对使用的每一步都做了详细的讲解，直观易懂。主要内容分为三部分，第一部分讲解基本安全绝缘工器具，包括验电器、绝缘棒等的使用；第二部分为辅助绝缘安全工器具，包括绝缘垫、绝缘台等的使用；第三部分为防护性安全工器具，包括安全帽、安全带等的使用。

本书可作为电力行业相关专业人员安全教育的培训教材，也可供电网企业员工日常工作参考。

图书在版编目（CIP）数据

图说正确使用电力安全工器具 / 王存华，顾子琛编著. —北京：中国电力出版社，2018.4（2021.6重印）

ISBN 978-7-5198-1934-7

Ⅰ．①图… Ⅱ．①王… ②顾… Ⅲ．①电力工业 - 安全设备 - 图解　Ⅳ．① TM08-64

中国版本图书馆 CIP 数据核字（2018）第 074889 号

出版发行：中国电力出版社

地　　址：北京市东城区北京站西街 19 号（邮政编码 100005）

网　　址：http://www.cepp.sgcc.com.cn

责任编辑：马淑范（010-634123977）

责任校对：王海南

装帧设计：陈佳艺

责任印制：杨晓东

印　　刷：北京博图彩色印刷有限公司

版　　次：2018 年 4 月第一版

印　　次：2021 年 6 月北京第三次印刷

开　　本：880 毫米 ×1230 毫米　48 开本

印　　张：4.625

字　　数：178 千字

印　　数：5001—6500 册

定　　价：36.00 元

目录 CONTENT

一、正确使用低压验电器

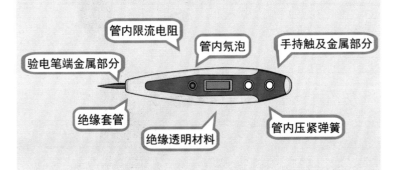

低压验电器

管内限流电阻

管内氖泡

手持触及金属部分

验电笔端金属部分

绝缘套管

绝缘透明材料

管内压紧弹簧

　　验电器是检验电气设备、电器、导线上是否有电的一种专用安全用具。分为高压验电器与低压验电器两类，不管哪种类型，其基本结构与工作原理是一致的。

　　低压验电器常做成钢笔式或者数字式验电笔。在使用低压验电器前，应先在带电体上进行校核，确认验电笔完好，以防因验电笔故障造成误判断，从而导致触电事故。

电源关闭

　　验电前必须检查电源开关或隔离开关（刀闸）确已断开，并有明显可见的断开点。

　　验电时，持电笔的手一定要触及金属片部分，若手指不接触验电笔金属部分，则可能出现氖泡不能点亮的情况。

　　严禁戴手套持验电笔在线路或设备上验电。如果验电时戴手套，即使电路有电，验电笔也不能正常显示。

避免在光线明亮处观察氖泡是否发光，以免看不清而误判。

严禁不使用验电笔验电，而采用手背触碰导体验电的错误方法。

有电危险

　　低压验电笔因无高压验电器的绝缘部分，严禁用低压验电器去验高压电气设备或线路，以免发生触电事故。

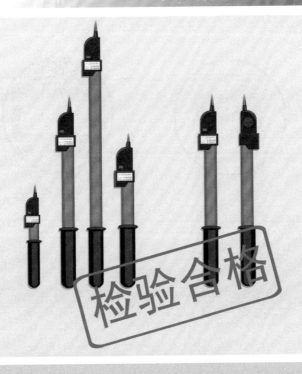

　　高压验电器应当是经电力安全工器具质量监督检验测试中心检验，试验合格的产品。

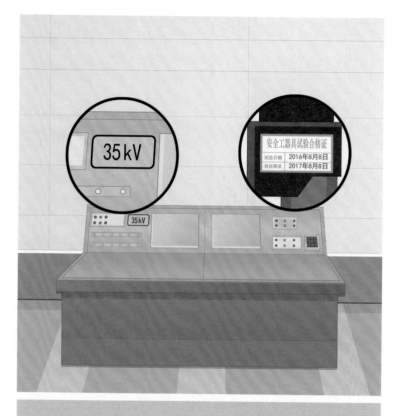

35 kV

安全工器具试验合格证

| 试验日期 | 2016年8月8日 |
| 有效期至 | 2017年8月8日 |

35 kV

使用验电器前，应先核准验电器电压等级是否与被测设备或线路的额定电压一致，验电器是否超过有效试验期。

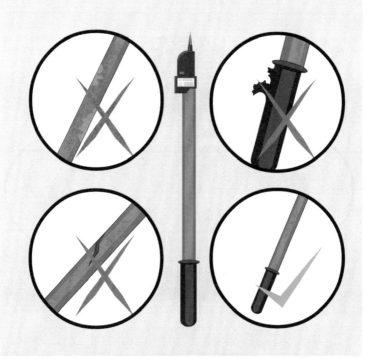

　　检查验电器的绝缘杆外观应良好，无弯曲变形，表面光滑，无裂缝，无脱落层。各部件连接牢固，护手环明显醒目，固定牢固。

　　验电操作前应先进行自检试验 。用手指按下试验按钮，检查高压验电器灯光、音响报警信号是否正常。若自检试验无声光指示灯和音响报警时，不得进行验电。验电前，应先在有电设备上进行试验，确认验电器良好。

　　验电时，必须由两人一起进行，一人验电，一人监护。使用验电器时，工作人员必须戴绝缘手套，穿绝缘靴、验电器的伸缩绝缘棒长度应拉足，手握在握柄处不得超过护环，人体与验电设备应保持一定的距离。

遇到雷雨天气（听见雷声或看见闪电）时，禁止验电。

高压

低压

对同杆架设的多层电力线路验电时，应先验低压、后验高压，先验下层，后验上层。

　　如在木杆、木梯或者木架上验电，不接地不能指示者，经相关负责人同意后，可在验电器绝缘杆尾部接上接地线进行验电。

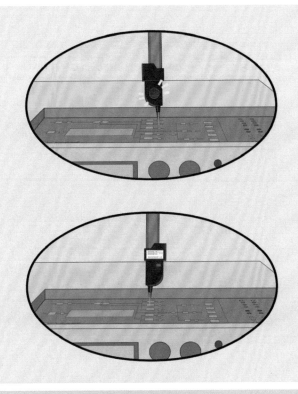

　　将验电器的金属接触电极垂直、缓慢地向被测处接近，一旦验电器发出声、光信号，即说明该设备有电。应立即将金属接触电极离开被测设备，以保证验电器的使用寿命。

温度-15~35℃　　湿度5%~80%

　　高压验电器适宜存放于温度为-15 ~ +35℃，相对湿度为5% ~ 80%的室内。如条件许可，应将高压验电器存放在绝缘安全工器具柜内。

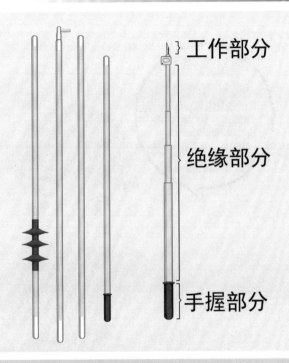

工作部分

绝缘部分

手握部分

　　绝缘棒由工作部分、绝缘部分和手握部分构成。绝缘棒又称绝缘杆。

使用绝缘棒前应仔细核对是否适用于操作设备的电压等级，且核对无误后才能使用。

　　检查是否超过了有效试验期。检查绝缘棒的表面是否完好，绝缘部分不能有裂纹、划痕、绝缘漆脱落等外部损伤。

　　作业时，要尽量减少对杆体的弯曲力，以防损坏杆体。使用绝缘棒时人体应与带电设备保持足够的安全距离，以保持有效的绝缘长度。

使用时，应戴绝缘手套和穿绝缘靴。在下雨、下雪天用绝缘棒操作室外高压设备时，绝缘棒应有防雨罩，以使罩下部分的绝缘棒保持干燥。

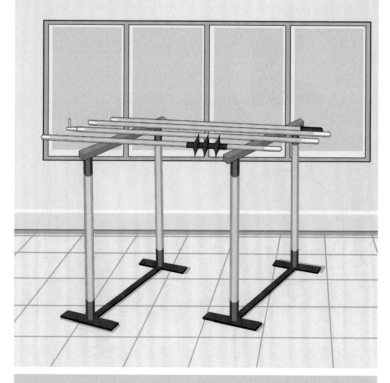

　　绝缘棒应统一编号，并存放在恒温、恒湿的安全工器具仓库，防止受潮。一般应放在特制的架子上或垂直悬挂在专用挂架上，以防弯曲变形。

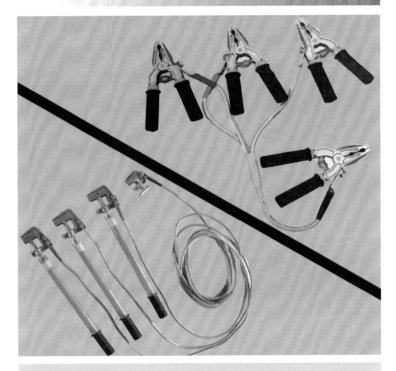

　　装设接地线是保护工作人员免遭触电伤害最直接的保护措施。接地线按功能分为携带型短路接地线和个人保安接地线。

使用前，必须检查接地线软铜线是否断股断头，外护套完好，各部分连接处螺栓紧固无松动，线钩的弹力是否正常，不符合要求应及时调换或修好后再使用。

　　检查接地线绝缘杆外表无脏污、无划伤，绝缘漆无脱落。是否在有效试验期内。

　　装设接地线前必须先验电，戴绝缘手套，穿绝缘靴或者站在绝缘垫上，人体不得碰触接地线或者未接地的导线，以防止触电伤害。

①

②

装设接地线，应先装设接地线接地端，后接导线端。接地点应保证接触良好，其他连接点连接可靠，严禁用缠绕的方法进行连接。

　　拆接地线的顺序与装设时相反。装、拆接地线均应做好记录，交接班时交待清楚。

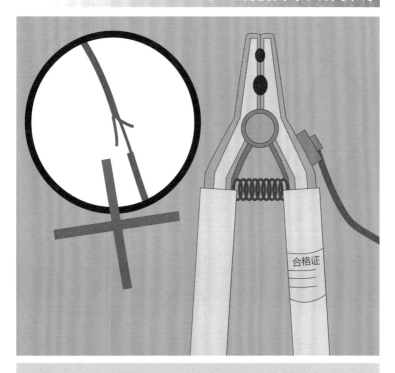

　　使用前应检查标识和预防性试验合格证。软铜线护套完好，软铜线在无裸露、无松股、无断股、无发黑腐蚀和中间接头。

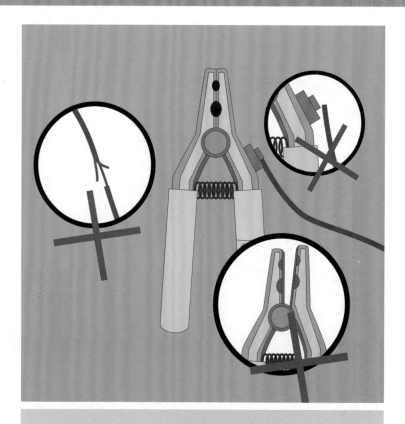

　　线夹完整、无损坏，与电力设备及接地体的接触面无毛刺，与操作手柄连接牢固，接线端子与软铜线应接触良好。

工作地段如有邻近、平行、交叉跨越及同杆塔架设线路，为防止停电检修线路上感应电压伤人，在需要接触或接近导线工作时，应使用个人保安线。

装设个人保安线时，应先接接地端，后接导线端，且接触良好，连接可靠。工作结束时，工作人员应拆除所挂的个人保安线。拆除时先拆导线端，后拆接地端。

　　个人保安线应在杆塔上接触或接近导线的作业开始前挂接，作业结束脱离导线后拆除。

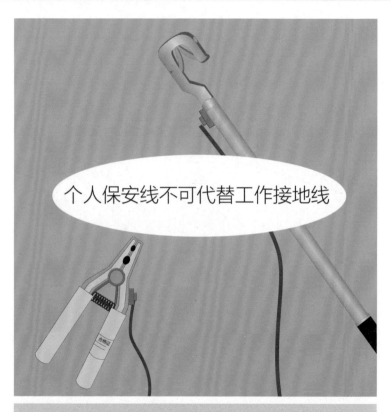

个人保安线不可代替工作接地线

　　个人保安线仅作为预防感应电使用，不得以此代替《电力安全工作规程》规定的工作接地线。只有在工作接地线装设好后，方可在工作相上挂个人保安线。

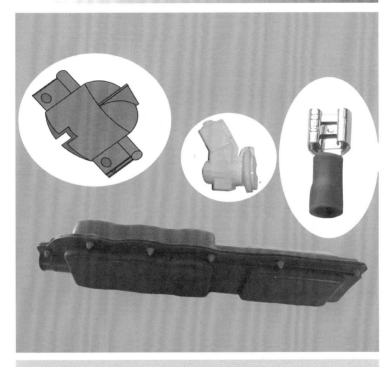

　　绝缘罩是用于遮蔽带电导体或者非带电导体的保护罩。绝缘罩根据需要做成各种类型，比如各类开关、互感器、气体继电器防护帽，各类线路绝缘子防鸟罩等多种类型。

　　使用绝缘罩前，应检查是否完好，内外是否整洁，有无裂纹或者损坏。如有灰尘，则需要用干燥棉布将绝缘罩表面擦拭干净。

检查是否超过有效试验期，绝缘罩每年应进行一次工频耐压试验。

现场放置绝缘罩时，应使用绝缘杆，并戴绝缘手套。

在设备上放置绝缘罩时注意要放置牢靠，防止脱落。

绝缘罩都应统一编号，存放在室内干燥的工具架上或者柜内。

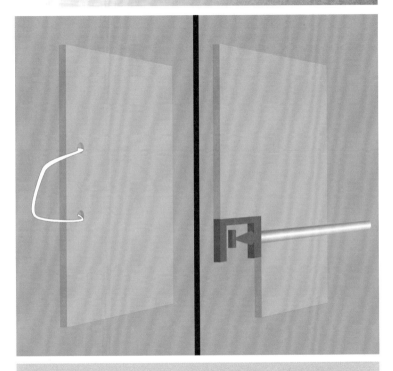

　　绝缘隔板是用于隔离带电部分，限制工作人员活动范围的绝缘平板。绝缘隔板的样式可分为带手柄绝缘隔板和系绳式绝缘隔板两种。

　　使用绝缘隔板前，应检查绝缘隔板是否完好，是否超过有效试验期。

在隔离开关动、静触头放置绝缘隔板时，应戴绝缘手套。

　　绝缘隔板在放置和使用时要防止脱落，必要时可用绝缘绳索将其固定。

　　绝缘隔板只允许在35kV及以下电压等级的电气设备上使用，并应有足够的绝缘和机械强度。

绝缘隔板如有受潮现象，应禁止使用，立即更换。

一、正确使用绝缘手套

使用绝缘手套前，检查是否超过有效试验期，查看橡胶是否完好，查看表面有无损伤、磨损、破漏或划痕等。

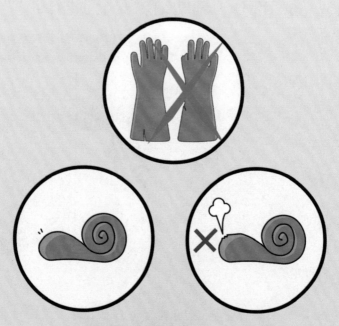

破损 漏气 禁用

如有发现绝缘手套有破损或漏气现象，应禁止使用。

具体检查方法：将手套朝手指方向卷曲，当卷到一定程度时，内部空气因体积减小、压力增大，手指若鼓起，不漏气，即为良好。

带绝缘手套时，应将外衣袖口放入手套的里面。

绝缘手套使用后应擦净、晾干，最好洒上一些滑石粉，以免粘连。

　　绝缘手套应存放在专用的柜内，并保持干燥、阴凉，与其他工具分开保存，其上不得堆压任何物件，以免刺破手套。

二、正确使用绝缘靴（鞋）

安全工器具试验合格证

| 试验日期 | 2016年9月1日 |
| 有效期至 | 2017年9月1日 |

　　使用绝缘靴（鞋）前，应检查绝缘靴是否完好，是否超过有效试验期。

　　使用前，应进行外部检查，查看表面有无损伤、磨损或破漏、划痕等。如有砂眼漏气，应禁止使用。

　　严禁绝缘靴（鞋）当作雨鞋或作他用，其他非绝缘靴也不能代替绝缘靴使用。

　　发现绝缘靴（鞋）底磨损严重，露出黄色绝缘层或试验不合格时，若大底花纹已磨掉，不可继续使用。

三、正确使用绝缘垫

有 危 电 险

在使用时，表面应平整，无锐利硬物。

铺设绝缘垫时，绝缘垫的接缝要平整、不卷曲，防止操作人员在巡视设备或者倒闸操作时跌倒。

使用过程中，发现绝缘垫有裂纹、划痕、厚度减薄等不足以保证绝缘性能的情况时，应及时更换。

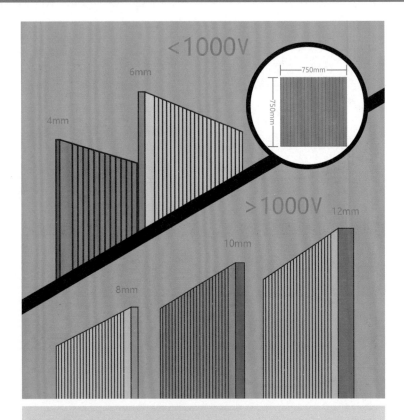

<1000V

6mm

4mm

750mm

750mm

>1000V 12mm

10mm

8mm

　　绝缘垫应避免阳光直射或锐利金属划刺，存放时应避免与热源（暖气等）距离太近，以防加剧老化变质，降低绝缘性能。

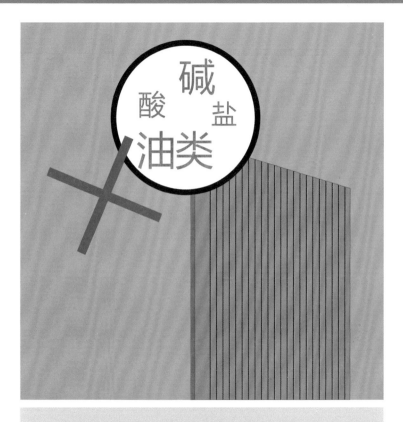

碱
酸 盐
油类

　　绝缘垫应保持干燥、清洁，注意防止与酸、碱及各种油类物质接触，以免受腐蚀后老化、龟裂或者变黏，从而降低其绝缘性能。

绝缘垫应每半年用肥皂水清洗一次，并且不可用热源烘烤。

　　绝缘台是安装、调试及检修作业过程中使用的一种安全工器具。作业人员站立其上对地形成绝缘，以此保障作业人员的安全。

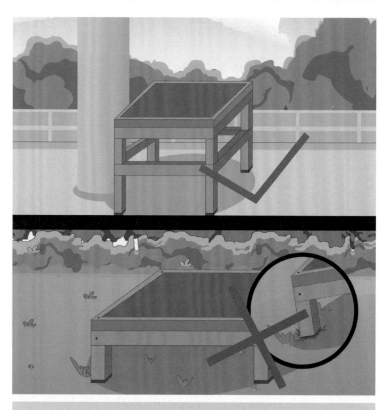

　　绝缘台多用于变电所和配电室内。如用于户外，应将其置于坚硬的地面，不应放在松软的地上或者泥草中，以避免台脚陷入泥土中而降低绝缘性能。

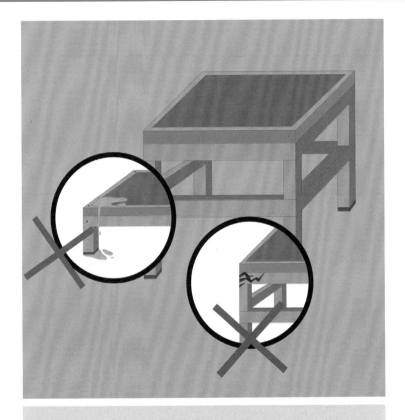

　　绝缘台的台脚绝缘子应无裂纹、破损，木质台面要保持干燥整洁。

绝缘台使用后应妥善保管，不得随便登、踩或者作为板凳。

第三部分　防护性安全工器具

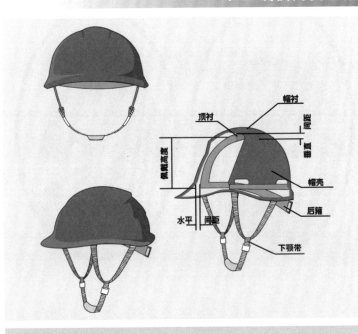

安全帽由帽壳、帽衬、顶衬、下颚带和后箍组成。佩戴前，应检查各组件是否完好无损，有损坏及时调换。

　　佩戴时，先将内衬圆周大小调节到对头部稍有约束感，但不难受；以不系下颚带低头时安全帽不会脱落为宜。

　　之后必须系好下颚带，下颚带应紧贴下颚，以下颚有约束感，但不难受为宜。

将后箍调整到合适的位置，锁好下颚带，防止后仰或脱落。

女生佩戴安全帽应将头发放进帽衬。

严禁把安全帽当做小板凳或工具袋使用。

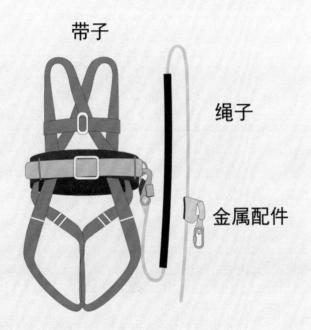

带子

绳子

金属配件

　　安全带定义：高处作业工人预防坠落伤亡的防护用品。由带子、绳子和金属配件组成。

　　使用前，检查安全带是否经过年检，保护绳上的保护套是否完好，以防绳被磨损。

使用长度3m以上长绳应加缓冲器。

　　使用前，应分别将安全带、后备保护绳系在电杆上，用力向后对安全带进行冲击试验，确认腰带、保险带、保险绳有足够的机械强度。

正确系好安全带。

　　水平拴挂。使用单腰带时，应将安全带系在腰部，绳的挂钩挂在和带同一水平以上的位置，人和挂钩保持与绳长差不多的距离。严禁低挂高用。

止步
高压危险

安全带应系在牢固可靠的构件上，禁止挂在移动或不牢固的构件上。

不得系在棱角锋利的物体上。

　　高挂低用。将安全带的绳挂在高处，人在下面工作，这是较安全的挂绳法。严禁低挂高用。因为绳挂在低处，人在上面作业很不安全，一旦发生事故，人和绳都要受较大的冲击负荷。

　　不准将绳子打结使用，也不准将钩直接挂在安全绳上使用，应挂在连接环上使用。

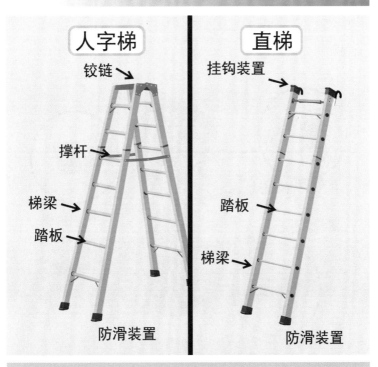

人字梯

铰链

撑杆

梯梁

踏板

防滑装置

直梯

挂钩装置

踏板

梯梁

防滑装置

梯子是一种供人上下移动的装置，是登高作业常用的工具。目前在电力系统使用的梯子一般是绝缘梯。绝缘梯有直梯和人字梯两种。

　　登梯前应检查梯子外观完好、无损坏。各连接处连接牢固，无松动。梯脚上的防滑装置完好无损，并有限高标志。

　　梯子在安放时，与地面的夹角应为65度左右为宜，梯子应能够承受工作人员携带工具攀登时的总重量。有人在梯子上工作时必须有专人扶梯并监护，必要时还应进行绑固。

　　攀登梯子时必须有人撑扶，限高标示在1m以上不得站人。不得在距离梯顶2挡的梯蹬上工作。梯子不得接长或者垫高使用。

梯子应放置稳固，梯脚要有防滑装置，使用前，应先进行试登，确认可靠后方可使用。

使用人字梯应具有坚固的铰链和限制开度的拉链。

靠在管子上、导线上使用梯子时，其上端需用挂钩挂住或用绳索绑牢。

　　使用中的梯子，禁止移动，以防造成高处坠落。梯上作业时严禁上下抛递工具材料。

　　登在人字梯上操作时，不能采取骑马方式站立，以防梯脚自动展开造成事故。

　　在变电站设备区或高压室内应使用绝缘材料的梯子，禁止使用金属梯子。

　　在户外变电站、高压配电室及工作地点周围有带电设备的环境搬动梯子时，应两人放倒搬运，并与带电部分保持足够的安全距离。不能作为带电作业梯使用。

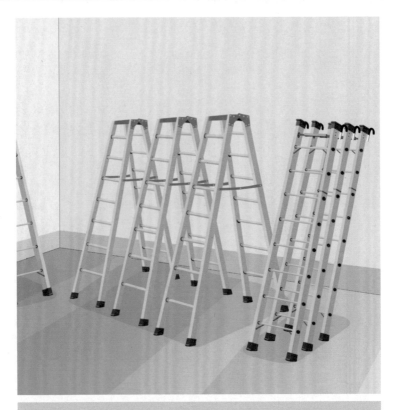

　　梯子应放在干燥、清洁、通风良好的室内。统一进行编号，定置摆放，不得放在室外或者潮湿的环境里，不得与其他材料、杂物堆放在一起，竹梯、木梯要做好防虫防蛀措施。

在使用前，应进行外观检查，确认各部分是否完好。

　　使用前，必须对脚扣进行单腿冲击试验，登杆前在杆根处用力试登，判断脚扣是否有变形和损伤。方法是将脚扣持于离地面高约0.5处，单腿站立于脚扣之上，借用人体自身重量向下冲击，检查脚扣是否变形和损坏，不合格者严禁使用。

　　将脚扣穿在脚上，调整并系牢脚扣皮带，将脚扣扣在电杆杆根处，系上安全带，就可以登杆，登杆过程中应根据杆径粗细随时调整围杆钩开口。杆身湿滑时应采取防滑措施。

　　使用脚扣登杆应全程系安全带。在登杆时，脚扣皮带的松紧要适当，以防脚扣在脚上转动或脱落。

在刮风天气时，应从上风侧攀登。

五、正确使用升降板

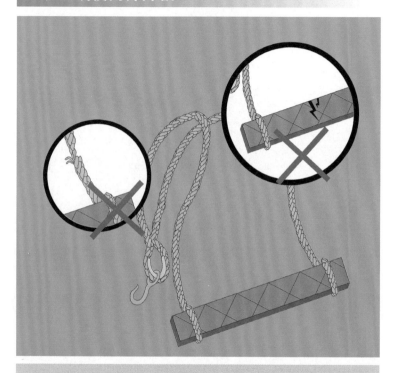

　　使用前，首选对升降板的外观进行检查，看踏脚板是否有断裂、腐朽现象，绳索有无断股，若有，则禁止使用。

0.3m

　　登杆前，应该对升降板（踩板）进行冲击试验。方法是将升降板（踩板）挂于离地0.5m处，两脚站立于升降板（踩板）上，用自身重量向下冲击，检查升降板、踩板挂钩、绳索和木踏板的机械强度是否完好可靠。

　　登杆攀登时，升降板（踩板）两绳应全部放于挂钩内系紧，此时挂钩必须向上，严禁挂钩向下或反挂。

　　上下攀登时，要用手握住踏板挂钩下100mm左右处绳子进行操作，登杆过程中禁止跳跃式登杆。

　　升降板使用后不能随意从杆上往下扔，以免摔坏。用后妥善保管，存放在工具柜内。

在倒换升降板时，应保持身体平衡，两板间距不宜过大。

六、正确使用防护眼镜

　　防护眼镜是一种滤光镜，主要是防护眼睛和面部免受紫外线、红外线和微波等电磁波辐射、粉尘、烟尘、金属和砂石碎屑以及化学溶液溅射的损伤。

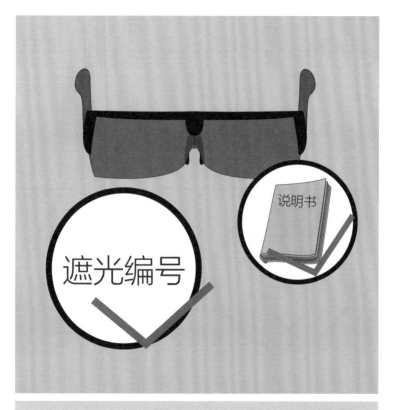

遮光编号

说明书

　　在电力生产过程中，防护眼镜常用在装卸高压熔断器、电焊、给焊电池加注电解液等作业中。使用时要按出厂时标明的遮光编号或者使用说明书使用。

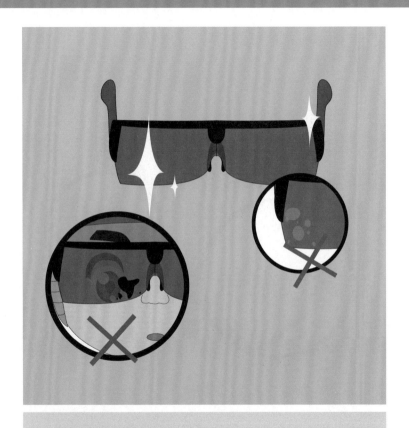

　　使用眼镜前，应检查防护眼镜，表面是否光滑，无气泡、杂质，以免影响工作人员视线。

　　镜架应平滑，不可造成擦伤或有压迫感。同时，镜片与镜架衔接要牢固。

　　防护眼镜的宽窄和大小要适合使用者的要求，如果大小不合适，护目镜滑落到鼻尖上，就起不到防护的作用。

使用后，将防护眼镜保存在干净、不易碰撞的地方。

七、正确使用速差自控器

　　使用前，将速差自控器上端悬挂在作业点上方，将自控器内绳索和安全带上半圆环连接，即可使用。

　　正常使用时，安全绳将随人体自由伸缩，不需经营更换悬挂位置。在器内机构的作用下，安全绳一直处于半紧张状态，使用者可轻松自如地工作。

一旦人体失足坠落，安全绳的拉出速度加快，器内控制系统立即自动锁止，使安全绳下坠不超过0.2m，冲击力小于3000N，对人体毫无伤害，负荷一旦解除又能恢复正常工作。

工作完毕后安全绳将自动收回到器内，便于携带。

　　速差自控器只能高挂低用，水平活动应在以垂直为中心半径1.5m范围内，应悬挂在使用者上方固定牢固的构件上。

　　每次使用前，应对器具做外观检查并做试验，以较慢速度正常拉动安全绳时，会发生"嗒嗒"声响。

　　禁止与尖锐、坚硬物体撞击，严禁安全绳扭结使用，不要放在尘土过多的地方。

工作完毕后，收回速差自控器内时，中途严禁松手，避免回速过快造成弹簧断裂、钢丝绳打结，直到钢丝绳收回速差自控器内后即可松手。

严禁将绳打结使用，速差自控器的绳钩必须挂在安全带的连接环上。

在使用过程中要经常性的检查速差自控器的工作性能是否良好，绳钩、吊环、固定点、螺母等无松动，壳体有无裂纹或损伤变形，钢丝绳有无磨损、变形伸长、断丝等现象，如发现异常及时处理。

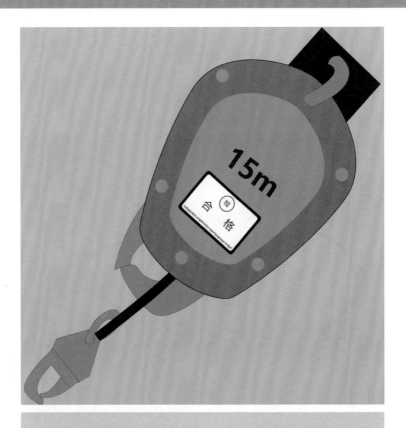

　　速差自控器使用前应检查有无合格证，且必须有省级以上安全检验部门的产品合格证。

合格证

检查导轨自锁器标识和预防性试验合格。

各部件完整无损，本体及配件应无目测可见的凸凹痕迹。

合格证

导向轮应转动灵活，无卡阻、破损等缺陷。

　　向上攀登时，应确认导轨自锁器安装指示箭头向上。手提导轨自锁器在导轨上运行应顺滑。

咔

突然释放导轨自锁器应能有效锁止。

<0.5m

　　导轨自锁器应连接在人体前胸的安全带挂点上，导轨自锁器与安全带之间的连接绳不应大于0.5m。禁止使用受过冲击的自锁器，禁止将导轨自锁器锁止在导轨（绳）上作业。

使用后进行检查，确认无异常后按规定保管或存放。

九、正确使用带电作业屏蔽服

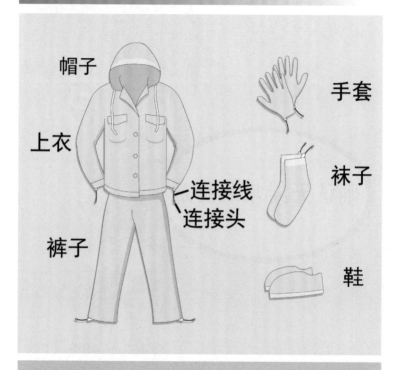

帽子

上衣

裤子

连接线
连接头

手套

袜子

鞋

　　带电作业屏蔽服又叫等电位均压服，成套的屏蔽服装应包括上衣、裤子、帽子、袜子、手套、鞋及其相应的连接线和连接头。

　　使用屏蔽服之前，应用万用表和专用电极测试整套屏蔽服最远端点之间的电阻值，其数值不应大于20Ω。同时，对屏蔽服外部应进行详细检查，看其有无钩挂、破洞及断线折损处，发现后应及时用衣料布加以修补，然后才能使用。

适用电压等线：220kV   适用电压等线：500kV

所有屏蔽服的类型应适合作业线路和设备的电压等级。

　　根据季节不同，屏蔽服内均应有棉衣、夏布衣或按规定穿的阻燃内衣。冬季应将屏蔽服穿在棉衣外面。

穿着时，整套屏蔽服各部分之间应连接可靠，接触良好。

　　屏蔽服使用完毕，应将屏蔽服卷成圆筒形存放在专用的箱子内，不得挤压，以免造成断丝。

　　夏天使用后洗涤汗水时不得揉搓，可放在较大面积的50℃左右的热水中浸泡50s，然后用足量的清水漂洗晾干。

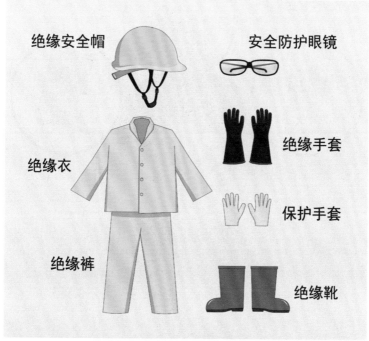

绝缘安全帽

安全防护眼镜

绝缘衣

绝缘手套

保护手套

绝缘裤

绝缘靴

　　带电作业绝缘服由带电作业用绝缘安全帽、安全防护眼镜、绝缘衣、绝缘手套、保护手套、绝缘裤、绝缘靴七部分组成。

在使用前必须仔细检查外观质量，如有损坏不能使用。

　　穿戴顺序为：绝缘衣、绝缘裤、绝缘靴、安全防护眼睛、安全帽，保护手套、绝缘手套。

穿绝缘裤的时候要调节裤子上的调结带，松紧要适度。

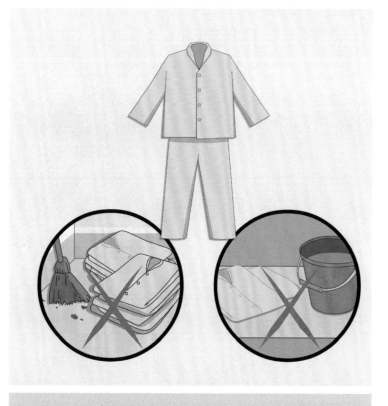

　　带电作业绝缘服使用后必须妥善保管，不与水气和污染物质接触，以免损坏、影响其绝缘性能。

十一、正确使用防静电服

　　防静电服适用于无尘、静电敏感区域和一般净化区域。防静电服需与防静电帽子鞋子袜子配套穿用，同时地面也应该是防静电地板并有接地系统。

　　禁止在防静电服上附加或者佩戴任何金属物件；随身携带的工具应该具有防静电作用和防电火花的功能；金属类工具应置于防静电工作服衣袋内，禁止金属元件外露。

　　禁止在易燃易爆场所穿脱防静电工作服。在强电磁环境或者附近有高压裸线的区域内，不能穿用防静电工作服。

　　防静电服应该保持干净，确保防静电性能，清洗时用软毛刷、软布蘸中性洗涤剂洗擦，或浸泡后轻揉。不可破坏面料的导电纤维，不可暴晒。

专业防静电服生产厂

普通的防静电服可自行清洗，要求高的防静电服需专业清洗机构清洗。

合格

　　穿用一段时间后，应对防静电服进行检验，若静电性能不符合要求，则不能再使用。

　　检查标识和预防性试验合格证。复合材料构件表面应光滑，绝缘部分应无气泡、皱纹、裂纹、绝缘层脱落、明显的机械或电灼伤痕，纤维布（毡、丝）与树脂间黏合完好，不得开脱。连接构件完好。

供操作人员站立、攀登的所有作业面应具有防滑功能。

1.05m~1.20m

顶层作业平台上部应设置防护栏，高度为1.05~1.20m。

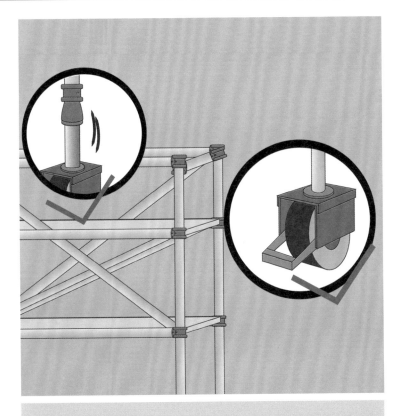

　　外支撑杆应能调节长度，并有效锁止。支撑脚底部应有防滑功能。

　　上脚手架前，应确认脚手架已调平，轮脚和调节腿已固定。爬梯、平台板、开口板已钩好。

当平台上有人和物品时，不应移动或调整脚手架。严禁在脚手架上面使用会产生较强冲击力的工具，脚手架严禁在大风中使用，严禁超负荷使用，严禁在软地面上使用。

　　所有操作人员在搭建、拆卸和使用脚手架时，应戴安全帽，系好安全带。

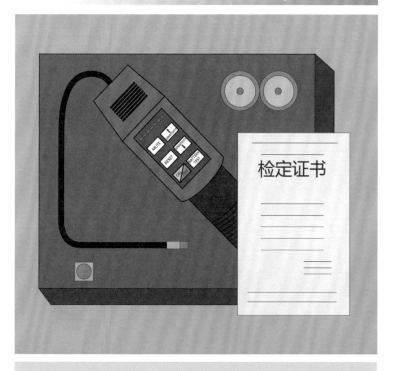

使用前，首先要检查SF₆气体检漏仪的标识与合格证。

油泥
堵塞物

定期气体校准

MUTE

外观应清洁、无损伤，部件无缺损，传感器部位防尘、防水过滤膜干净，无油、泥物堵塞。如经常使用，每隔一个月或者使用前进行标准气体校准（标准气体校准指重新计算仪器内部参数，需专人更改）。

　　使用前要按规定开启SF₆气体检漏仪，进入自检程序，并按照顺序检查数字显示屏、警报和振动报警器。自检完成后，进入待机检测状态，检查功能显示、电池电量等状态正常后方可使用。

　　在靠近潜在危险气体的环境中，打开SF$_6$气体检测仪，从上风，手持SF$_6$气体检漏仪缓慢行走，探头位于身体正前方下风方向，低位区域或SF$_6$气体聚集的地方，并实时观察和记录。

　　严禁将探头放在地上，以免被灰尘污染，影响仪器性能。确定为
SF₆气体作业场所，在作业全过程中将开启状态下的SF₆气体检漏仪固
定在下风向SF₆气体可能聚焦的地方，并露出探头实时检测。如SF₆
气体检漏仪报警，应立刻启动应急程序。

按规定保管存放

检测完成后按操作程序关机并进行检查，确认无异常后方可按规定保管或存放。

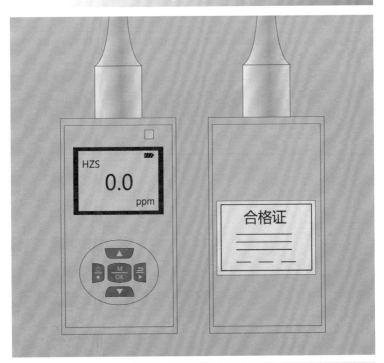

使用前,先检查氧气检测仪的标识与合格证。

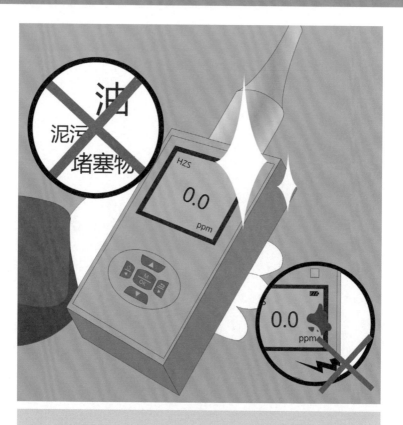

　　外观应清洁、无损伤，部件无缺损，传感器部位防尘、防水过滤膜干净，无油、泥污堵塞。

　　按规定开启氧气检测仪，进入自检程序，并按顺序检查数字显示屏、警报和振动报警器。自检程序完成中，进入待机检测状态，检查功能显示、电池电量等状态应正常。

在洁净空气中标定

　　检测时应按规定进行标准气体校准，标定应在洁净的空气中进行。

　　在靠近低氧的环境工作之前，打开氧气检测仪，从上风方向，手持氧气检测仪缓行，探头位于身体正前方下风向、低于腰部以下，并实时观察和记录。

　　确定为低氧的作业场所，在作业全过程中将开启状态下的氧气检测仪分别固定在下风向有可能存在低氧的地方，并露出探头实时进行检测，如氧气检测仪报警，立刻启动应急程序。

检测完后按操作程序关机并进行检查，确定无异常后方可按规定保管或存放。

十五、正确使用有害气体检测仪

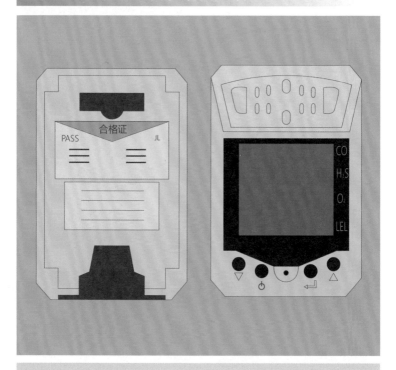

　　使用前，先检查标识与合格证。外观应清洁、无损伤，部件无缺损。

定期气体校准

　　如有害气体检测仪经常使用，应每隔一个月或者使用前进行标准气体校准（标准气体校准指重新计算仪器内部参数，需专人更改）。

　　检查电池电量，有害气体检测仪自检完毕后显示电量符号。如电量不足，应进行充电。

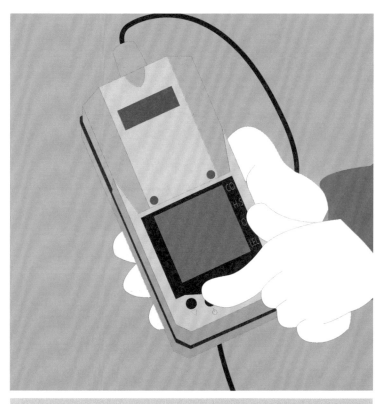

　　使用前，要连接好采样软管和采样探管。按规定开启有害气体检测仪，进入自检模式，自检结束后，有害气体检测仪进入气体监测模式。

嘀嘀

在监测模式中，首先进行泵的检查。堵住采样管的末端，泵的发动机关闭，警报声响，泵指示器闪烁，表明有害气体检测仪正常。

　　消除警报并重新启动泵，将采样探管伸入工作场所采样。当有害气体含量达到或超过临界值时，声光报警。

不应让采样探管的末端接触或者进入任何液体的表面，否则将导致读数不准并损坏探头。

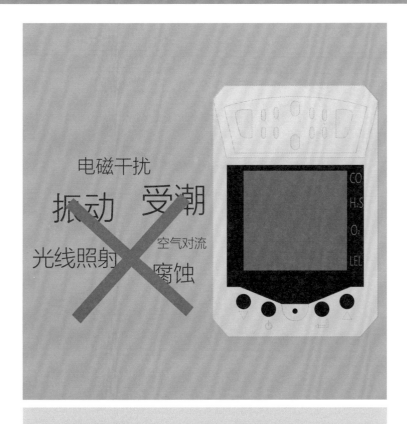

电磁干扰

振动　受潮

光线照射　空气对流

腐蚀

　　应避免强烈振动，强烈光线照射，强烈空气对流，强烈电磁干扰，受潮和腐蚀。

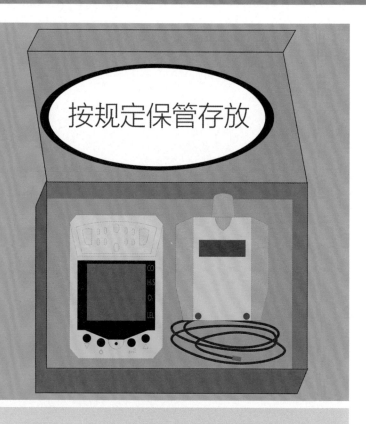

按规定保管存放

使用完毕后，按操作程序关机后进行检查，确认无异常后方可按规定保管存放。

使用前详细阅读产品说明书，并检查确认面罩、导气管、滤毒药罐是否在有效期内。

　　使用面具时，由下巴处向上佩戴，再适当调整头带，戴好面具后用手掌堵住滤毒盒进气口用力吸气，面罩与面部紧贴不产生漏气，则表明面具气密性完好，可以进入危险涉毒区域工作。

　　面具使用完后，应擦净各部位汗水及脏物，尤其是镜片、呼气活门、吸气活门要保持清洁，必要时可以用水冲洗面罩，滤毒盒也要擦干净。

1%过氧乙酸消毒液

　　如在具有传染性质的病毒环境使用后，面罩及滤毒盒可用1%过氧乙酸消毒液擦拭清洗消毒，必要时面罩可浸泡在1%过氧乙酸消毒液中，但滤毒盒不可浸泡，也不可进水，以防失效。经消毒液消毒后，应用清水擦拭，晾干后再用。

　　防毒面具属有毒、有害环境使用产品，未经过专业培训的人员不得随意拆卸、维修，或减少其零部件。

　　防毒面具不得在65℃以上环境中使用或在高温环境中存放，滤毒盒吸湿后会降低防毒能力，应严防进水。

防毒面具应储存在阴凉干燥的地方，并不得接触有机溶剂。

十七、正压空气呼吸器

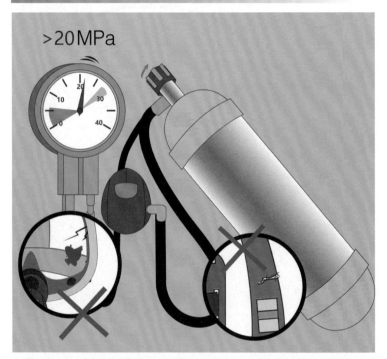

>20MPa

　　正压空气呼吸器应按月进行检查，检查呼吸器面罩玻璃挡板完好、无裂纹、表面清洁无异物、肩部背带表面无损伤。开启气瓶阀，查看压力表的数值，要求压力不低于20MPa。检查减压阀开关灵活、无生锈现象。

　　检查气瓶与背板安装牢固，气瓶不会松脱。进行一次试佩戴，检查供给阀动作是否正常，供气阀与呼吸阀是否匹配。

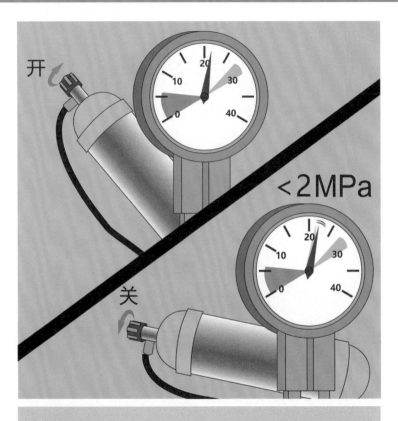

开

关

<2MPa

　　检查气瓶的气密性，打开瓶阀，然后关闭瓶阀，观察压力表，在1min内压力下降不得大于2MPa。

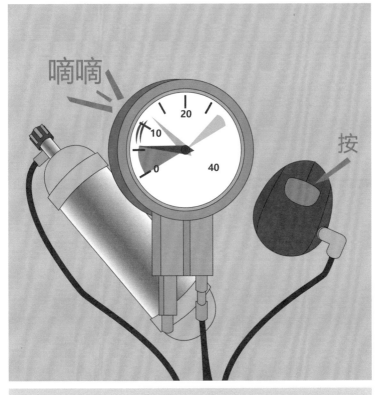

嘀嘀

按

　　检测报警笛，打开瓶阀让管路充满气体，再关闭瓶阀，然后按下供气阀上红色按钮，打开强制供气阀，缓慢释放管路气体，当压力表显示5.5MPa，报警笛必须开始报警。

　　正压空气呼吸器穿戴：①双手反向抓起肩带，将装具穿在身上；②身体前倾，向后下方拉紧D型环直到肩带及背架与身体充分贴合；③扣上腰带，拉紧；④打开氧瓶阀至少一圈以上；⑤一只手托住面罩，将面罩、口鼻罩与脸部完全贴合；⑥另一只手将头带向后拉，罩住头部，收紧头带。

咔嚓

吸

　　用手掌捂住面罩口,深吸气感到有压迫感,说明密封良好。将供气阀插入面罩口,听到咔嚓一声,同时供气阀两侧红色按钮复位,表示已正确连接,即可正常呼吸。

按

　　在恶劣和紧急情况下，或者使用者需要更多的空气时，可按下供气阀上红色按钮，供气阀会自动将供气量增大到450L/min。当报警笛开始鸣叫时，必须马上撤离有毒工作环境到安全区域，否则将有生命危险。

正压空气呼吸器的脱卸：①按下供气阀两边的黄色按钮，取下供气阀；②扳开头带板口，由上而下取下面罩；③松开腰带扣，向上扳肩带扣；④松开肩带卸下呼吸器；⑤关闭气瓶阀门；⑥按下供气阀红色按钮，将余气全部放掉；压力表针归零。

　　正压空气呼吸器应存入包装箱内，放在干燥、清洁和避免阳光直射的地方，不能与油、酸、碱或者其他有害物质共同储存，严禁重压。

第四部分　警示标志

一、正确使用锥形交通标

　　在需要临时分隔车流、引导交通、指引车辆绕过危险路段、保护施工现场设施和人员等场所时，应按交通部门要求设置锥形交通标。

使用前应检查锥形交通标，外观应完好，反光涂料反光效果好。可正常竖立在地面上。

使用后应进行检查，确认无异常后方可按规定保管或存放。

二、正确使用红布幔

纯棉

运行设备

　　在变电站二次系统上进行工作时，需要纯棉红布幔将检修设备与运行设备前后以明显的标志隔开。

检修设备

运行设备

使用时，悬挂于工作屏柜左右、前后相邻的屏柜上，起警示作用，保证工作人员不走错屏柜位置。

使用后应进行外观检查，确认无误后方可按照规定保管和存放。

使用后应进行检查，确认无异常后方可按规定保管或存放。

三、正确使用安全色

　　安全色(safety colour)，是传递安全信息含义的颜色，包括红、蓝、黄、绿四种颜色。在电力系统中相当重视色彩对安全生产的影响，因色彩标志比文字标志明显，不易出错。

　　在变电站工作现场，安全色更是得到广泛应用。例如，各种控制屏，特别是主控制屏，用颜色信号灯区别设备的各种运行状态，值班人员根据不同色彩信号灯可以准确地判断各种不同运行状态。

变电站母线的涂色为L1相涂黄色，L2相涂绿色，L3相涂红色。

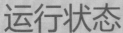
运行状态

预备状态

在设备运行状态，红色信号灯表示设备正投入运行状态，绿色信号灯闪光表示设备在运行的预备状态，提醒工作人员集中精力，注意安全运行等。

四、正确使用安全固定遮（围）栏

安全固定遮（围）栏各配件应齐全，警示标志清晰，设置应根据工作要求进行。

　　固定防护围栏适用于落地安装的高压设备周围及生产现场平台、人行通道、升降口、大小坑洞、楼梯等有坠落危险的场所。

区域隔离围栏适用于设备区与生活区的隔离、设备区间的隔离、改（扩）建施工现场与运行区域的隔离，也可装设在人员活动密集场所周围。

五、正确使用临时遮（围）栏

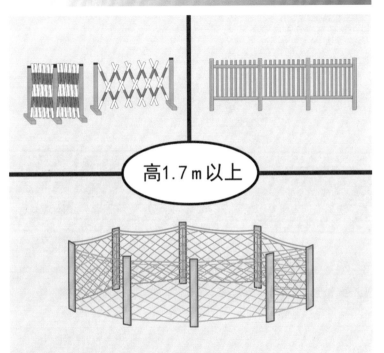

高1.7m以上

临时遮（围）栏可用干燥木材、橡胶或者其他坚韧材料制成，不能用金属材料制作，临时遮（围栏）的高度至少应达到1.7m，应安置牢固。

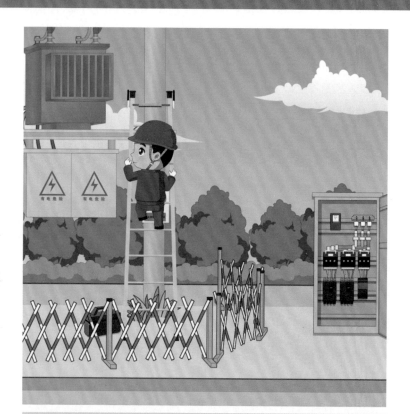

　　工作地点与带电设备距离小于设备不停电工作安全距离规定时，应装设临时遮（围）栏，以确保工作人员在工作中始终保持对带电部分有一定的安全距离。

　　安装临时遮栏应采用封装或网状，并具有独立支柱，设置出入口，悬挂"止步，高压危险"标示牌，以警示检修人员只能在围栏内进行工作，不得进入围栏外的设备运行区域。

不得利用设备的构架作为临时遮（围）栏的围网支柱。

　　安装的临时遮（围）栏不得随便移动或拆除。工作人员因工作需要必须变动时，应征得工作许可人的同意。设备检修完毕后，应将临时遮（围）栏存放在室内固定地点。

止步
高压危险

　　对设备进行试验时也应装设临时遮（围）栏，临时遮（围）栏与试验设备的高压部分应有足够的安全距离，向外悬挂"止步，高压危险"的标示牌，并派人看守。